Sitzungsberichte
der Akademie der Wissenschaften
der DDR
Mathematik—Naturwissenschaften—Technik

Jahrgang 1984 · Nr. 5/N

Lothar Kolditz

Zum 150. Geburtstag von D. I. Mendelejew

Gerhard Zimmermann

Zerfall und Bildung cyclischer Kohlenwasserstoffe unter den Bedingungen der Kohlenwasserstoffpyrolyse

AKADEMIE-VERLAG · BERLIN
1984

Würdigung in der Sitzung des Plenums
der Akademie der Wissenschaften der DDR,
am 23. Februar 1984 und Originalmitteilung
aus der Sitzung der Klasse Chemie vom
17. März 1983

Herausgegeben im Auftrage
des Präsidenten der Akademie
der Wissenschaften der DDR
von Vizepräsident Prof. Dr. Heinrich Scheel

ISSN 0138-3965
Erschienen im Akademie-Verlag, DDR-1086 Berlin, Leipziger Str. 3–4

Lizenznummer: 202 · 100/65/84
Printed in the German Democratic Republic
Gesamtherstellung: VEB Druckhaus Köthen
LSV 1275
Bestellnummer: 7634131 (2010/84/5/N)
00300

Inhalt

Lothar Kolditz

Zum 150. Geburtstag von D. I. Mendelejew

Dimitrij Iwanowitsch Mendelejew wurde am 27. Januar 1834 (Julianischer Kalender), das ist der 8. Februar 1834 nach dem Gregorianischen Kalender, geboren. Sein Großvater war Dorfgeistlicher in Tjichomandriza im Twerschen Gouvernement, dem heutigen Gebiet Kalinin, und hatte vier Söhne: Wassili Pokrowsky, Iwan Mendelejew, Timofei Sokolow und Alexander Tjichomantritzki. Die Vielfalt der Familiennamen ist durch den alten russischen Brauch bestimmt, daß die Kinder in der Schule vom Lehrer ihre Namen erhielten. Der Vater Iwan studierte am Pädagogischen Institut der Universität Petersburg und wurde Gymnasiallehrer, im Jahre 1827 Direktor des Gymnasiums in Tobolsk, dem Geburtsort Mendelejews. Dimitrij Iwanowitsch war das 14. und letzte Kind. Die Mutter Mendelejews, Tochter eines sibirischen Kaufmanns, war eine herausragende Persönlichkeit, die einen großen Einfluß auf seine Entwicklung genommen hat. Sie hatte sich ein gediegenes Wissen erworben, indem sie aus eigenem Antrieb mit ihrem Bruder, der Gymnasiast war, den Unterrichtskursus studierte.

Der Vater Mendelejews erblindete, und die Mutter übernahm eine verwahrloste Glasfabrik von ihrem Bruder. Sie förderte ihre Kinder nach deren individuellen Gaben, ihre besondere Fürsorge aber galt ihrem Letztgeborenen. Dimitrij Iwanowitsch zeigte kein besonderes Interesse für Sprachen, besonders nicht für Latein, aber für Mathematik, Physik und Geschichte. Aus diesem Grunde bestand er nur mit Mühe und mit Hilfe des Elternhauses das Matur im 16. Lebensjahr. Die Mutter liquidierte ihre Geschäfte und verließ mit Mendelejew Tobolsk, versuchte ihn zunächst an der Moskauer Universität unterzubringen und fuhr dann im Frühjahr 1850 mit ihm nach Petersburg, wo er schließlich im Pädagogischen Institut der Universität, dem ein Studiengenosse des Vaters als Direktor vorstand, aufgenommen wurde. Nach diesen Anstrengungen waren die Kräfte der Mutter verzehrt, sie starb und wurde in Petersburg beerdigt.

Dimitrij Iwanowitsch Mendelejew wurde ein ausgezeichneter Student, der 1855 das Studium mit einer hervorragenden Dissertation über den Isomorphismus beendete.

Er wurde zunächst Oberlehrer am Gymnasium in Simferopol, dann Gymnasiallehrer in Odessa. 1856 kehrte er nach Petersburg zurück. Ab 1859 hielt er sich zwei Jahre in Heidelberg auf, wo er zahlreiche wissenschaftliche Arbeiten veröffentlichte.

Die Teilnahme am Kongreß der Chemiker 1860 in Karlsruhe übte einen entscheidenden Einfluß auf seine weiteren Arbeiten aus. Dieser Kongreß legte ein einheitliches Vorgehen bezüglich der Atom- und Äquivalentgewichte und der Darstellung der Zusammensetzung organischer Verbindungen fest. Cannizzaro trat mit einer glänzenden Rede auf, in der er die Einheitlichkeit der Wissenschaft in der Wahl der Atomgewichte betonte. Auf dem Kongreß erhielt Mendelejew die Impulse, die 1869 zur Entdeckung des Periodensystems führten.

Mit der Systematisierung der Elemente nach den Atomgewichten haben sich vor Mendelejew eine Reihe von Wissenschaftlern beschäftigt, J. B. Richter 1798, Döbereiner 1829 mit seinen Element-Triaden, Gmelin 1843, Pettenkofer 1850 und 1858, Dumas 1851 und 1857, Kremers 1852, Gladstone 1853, Cooke 1854, Odling 1857, Lenssen 1857, Strekker 1859, B. de Chancourtois 1862 und Newlands 1863 (Gesetz der Oktaven). Die eigentliche Bedeutung dieser Systematisierung wurde aber nicht erkannt. Als Newlands 1866 in der Chemical Society seine Arbeiten vorstellte, fragte einer der Anwesenden, ob es nicht sinnvoller sei, die Elemente alphabetisch zu ordnen. Lothar Meyer, der auch am Kongreß in Karlsruhe teilnahm und gegen Ende der 60iger Jahre in seinen Vorlesungen ein von ihm aufgestelltes Periodensystem verwandte, wurde nach seinen Aussagen erst durch die Mendelejewsche Veröffentlichung auf die volle Bedeutung des Periodensystems hingewiesen.

Am 6. 3. 1869 erfolgte auf einer Sitzung der von Mendelejew mitbegründeten Russischen Chemischen Gesellschaft in Petersburg die erste öffentliche Mitteilung „über die Beziehung der Eigenschaften zu den Atomgewichten der Elemente", die Menschutkin anstelle des nichtanwesenden Mendelejew verlas.

Die erste deutsche Veröffentlichung findet sich in der Zeitschrift für Chemie, Band V, Seite 405 (1869). In der grundlegenden Arbeit „Die periodische Gesetzmäßigkeit der chemischen Elemente" in den Ann. d. Chem. Suppl. **8**, 123–229 (1871) stellte Mendelejew den Wert und die Bedeutung des Periodensystems ausführlich dar. Er sagte noch unbekannte Elemente voraus und durch Interpolation auch ihre Eigenschaften. Vor allem sind es die noch unbekannten Elemente Ekabor, Ekaaluminium und Ekasilicium, die von Mendelejew beschrieben wurden. Die Voraussagen fanden eine glänzende Bestätigung. Im August 1875 entdeckte Lecoq de Boisbaudran in der Zinkblende von Pierrefitte das Ekabor und nannte es Gallium. Mendelejew hatte ein Atomgewicht von etwa 68 vorausgesagt, gefunden wurde 69,9. Die Dichte des Elements war von Mendelejew mit 6,0–5,9 angegeben. Lecoq de Boisbaudran fand zunächst 4,7; reinigte dann aber das von ihm hergestellte Gallium und kam dann zu einer Dichte von 5,96. Im Jahre 1879 fand Nilson das Ekaaluminium und nannte es Scandium, die von Mendelejew vorausgesagten Eigenschaften wurden bestätigt. Das Ekasilicium wurde 1886 von Clemens Winkler im Mineral Argyrodit in Freiburg entdeckt und Germanium genannt. Die Übereinstimmung der Voraussage Mendelejews mit der Wirklichkeit ist verblüffend (Tab. 1).

Ladenburg schrieb in jenen Jahren: „Den Nachweis, daß die Eigenschaften der Elemente periodische Funktionen ihrer Atomgewichte sind, verdanken wir den Untersuchungen Newlands, Lothar Meyers und Mendelejews. Das Hauptverdienst gebührt unzweifelhalt dem Letzteren, der zunächst in ganz allgemeiner Weise diese Beziehungen hervorhob, und, was für besonders wichtig erachtet werden muß, die Vorteile derartiger Betrachtungen klarlegte."

Tab. 1 Vergleich vorausgesagter und gefundener Eigenschaften von Germanium und Germaniumverbindungen

	Ekasilicium 29. 11. 1870 (Mendelejew)	Germanium 1886 (Winkler)
Atomgewicht	72	72,3
Dichte	5,5	5,469
Atomvolumen	13	13,2
Spezifische Wärme	0,073	0,076
Oxid	EsO_2, Dichte 4,7	GeO_2, 4,703
Molvolumen	22	22,16
Chlorid	$EsCl_4$, flüssig, Sdp. etwa 90°C	$GeCl_4$, flüssig, Sdp. 86°C
Dichte	1,9	1,887
Ethylverbindung	$Es(C_2H_5)_4$, Sdp. 160°C Dichte 0,96	$Ge(C_2H_5)_4$, Sdp. 160°C Dichte etwa 1,0

Die Entdeckung des Periodensystems der Elemente ist das wissenschaftliche Hauptwerk Mendelejews. Sein gesamtes Lebenswerk geht aber über dieses Gebiet hinaus. Seine weiteren chemischen Arbeiten beziehen sich auf die Untersuchung von Gasen, Flüssigkeiten und Lösungen. Er widmete sich in breitem Maße wissenschaftlich-technischen Fragen, schrieb ein ausgezeichnetes Lehrbuch und Abhandlungen über die Industrie, besonders die Erdöl-Industrie, er äußerte sich zu den Fragen der Steinkohleverwertung, setzte sich für die künstliche Düngung in der Landwirtschaft ein und war an der Entwicklung eines rauchschwarzen Pulvers beteiligt. Seine Leistungen gehen aber auch über diese Gebiete weit hinaus. So entwarf er einen neuen Zolltarif, betätigte sich auf den Gebieten der Ökonomie und der Volkskunde. Im Jahre 1906 schrieb er ein Werk zur Kenntnis Rußlands. In der Entfaltung der Industrietätigkeit Rußlands erblickte er nicht allein Frieden und Einigung des Ostens mit dem Westen, sondern auch den Triumpf des russischen Genius auf dem Wege des wissenschaftlichen Fortschritts.

1887 beteiligte er sich an der Beobachtung einer Sonnenfinsternis vom Ballon aus. Da die Ballonhülle von dem starken Nachttau durchnäßt zu schwer geworden war, erhob sich der Ballon nicht. Mendelejew forderte den Ballonführer auf, auszusteigen und wollte ihn schließlich hinauswerfen, da dieser zögerte. Er gab kurz entschlossen den Befehl zum Durchhauen der Seile, erhob sich allein mit dem Ballon in die Luft und verschwand in den Wolken, führte seine Messungen durch und landete glücklich im Jaroslawlschen Gouvernement.

Im Jahre 1900 wurde er zusammen mit Clemens Winkler zum Korrespondierenden Mitglied unserer Akademie gewählt. Der Vorschlag stammt von Landolt und van't Hoff.

Das Werk von Dimitrij Iwanowitsch Mendelejew ist so umfangreich und umfassend, daß man ihn in eine Reihe mit Lomonossow zu stellen hat. Er starb kurz vor seinem 73. Geburtstag am 2. 2. 1907 (nach Julianischem Kalender am 20. 1. 1907) und wurde seinem Wunsch gemäß neben dem Grab seiner Mutter in Petersburg beigesetzt.

Abb. 1 D. I. Mendelejew 1871

Abb. 2 Mitglieder der chemischen Sektion des 1. Kongresses russischer Naturforscher und Ärzte in Petersburg im Jahre 1868 (Januar).
Sitzend von links nach rechts:
V. Ju. Richter; S. J. Kowalewskij; N. P. Netschajew; V. V. Markownikow; A. A. Woskresenskij; P. A. Ilenkow; P. P. Aleksejew; A. N. Engelhardt
Stehend von links nach rechts:
F. R. Vreden; P. A. Latschinow; G. A. Schmidt; A. R. Schuljatschenko; A. P. Borodin; N. A. Menschutkin; N. N. Sokownin; F. F. Beilstein; K. I. Lisenko; D. I. Mendelejew; F. N. Sawtschenkow

Abb. 3 D. I. Mendelejew 1890

Abb. 4 Bedeutende Gelehrte als Teilnehmer der 200-Jahrfeier der Akademie 1900. Sitzend von links: van't Hoff; Beilstein; Ramsey; Mendelejew; von Baeyer; Cossa; Stehend von links: Ladenburg; Jörgensen, Hjelt; Landolt; Winkler; Thorpe (Zentrales Archiv der AdW der DDR)

Abb. 5 D. I. Mendelejew und C. Winkler in Berlin 1900

Gerhard Zimmermann

Zerfall und Bildung cyclischer Kohlenwasserstoffe unter den Bedingungen der Kohlenwasserstoffpyrolyse

Die Bemühungen um die Aufklärung des Reaktionsgeschehens bei der rein thermischen Umsetzung von Kohlenwasserstoffen in der Gasphase und bei hohen Temperaturen reichen mehr als 100 Jahre zurück. Unter den Chemikern, die sich damit beschäftigten, finden wir so bekannte Namen wie Berthelot, Thorpe, Haber und Paneth. Ein wichtiger Durchbruch in der mechanistischen Interpretation gelang in den 30-er Jahren. Damals formulierte Rice auf der Grundlage der bis dahin gesammelten Erfahrungen und von plausiblen Annahmen 3 Postulate des radikalischen Zerfalls für Paraffine, die in den darauffolgenden Jahrzehnten ergänzt wurden und heute ein wichtiges Fundament für die Interpretation der thermischen Umsetzung fast aller Kohlenwasserstofftypen nach einem Radikalketten-Mechanismus darstellen. Dieses Konzept ist auf die Bildung von niederen Olefinen (einschließlich der Bildung niederer Paraffine und Wasserstoff) ausgerichtet. Es beinhaltet demzufolge nur solche Reaktionen, die in letzter Konsequenz zu einem Abbau der Molekularmasse der eingesetzten Kohlenwasserstoffe führen; auf Detailfragen der Bildung von Einkern- und kondensierten Aromaten oder von höhermolekularen, kohlenstoffreichen Produkten hält es keine schlüssigen Antworten bereit. Die Entstehung dieser Produkte wird sog. Sekundärreaktionen zugeschrieben, über die bis heute nur wenige gesicherte Erkenntnisse vorliegen, obwohl die im Ergebnis solcher „Sekundärreaktionen“ entstehenden teer- und koksähnlichen Produkte die technische Betriebsführung von Olefinerzeugungsanlagen signifikant beeinträchtigen können. Dieser Tatbestand und die Erkenntnis, daß bei der Pyrolyse von Mineralölfraktionen carbochemischer Herkunft den zu Aromaten, Teer und festen Produkten mit koksähnlicher Beschaffenheit führenden Reaktionen eine weitaus größere Bedeutung zukommt als im Falle der Pyrolyse von erdölstämmigen Mineralölfraktionen [1] bis [3], lenkten unsere Aufmerksamkeit verstärkt auf diese „Sekundärreaktionen“.

Ich möchte Ihnen nunmehr Ergebnisse von Arbeiten vorlegen, die in den letzten Jahren in unserem Arbeitskreis am Zentralinstitut für Organische Chemie der Akademie der Wissenschaften der DDR, Bereich Organische Grundstoffe, in Leipzig gewonnen wurden und die insbesondere von Dr. F.-D. Kopinke, Dr. B. Ondruschka, Dr. W. Zychlinski, Prof. Dr. G. Bach, Dr. U. Ziegler, Dr. G. Anders, D. Rennecke und von mir stammen.

Trägt man die Ausbeuten an Olefinen, Aromaten, Methan und Wasserstoff, die bei der Pyrolyse von Kohlenwasserstoffen und unterschiedlichen Reaktionstemperaturen, aber ansonsten vergleichbaren Bedingungen erhalten werden, gegen die Reaktionstemperatur auf, so stellt man in dem für die Kohlenwasserstoffpyrolyse interessierenden Parameterraum fest, daß die Olefine Maxima durchlaufen, Aromaten, Methan und Wasserstoff aber quasi-monoton ansteigen (Abb. 1). Daraus wurde schon frühzeitig geschlossen, daß niedere Olefine wichtige Synthesebausteine aromatischer Kohlenwasserstoffe sind. Über den Syntheseweg wird bis heute jedoch spekuliert, weil die Reaktionsbedingungen, unter denen diese „Aufbaureaktionen" stattfinden, ein experimentell beweiskräftiges Nachvollziehen der Reaktionsschrittfolgen bis heute unmöglich gemacht haben.

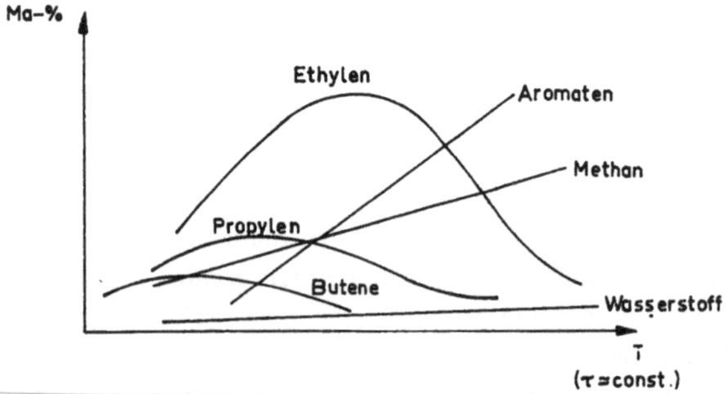

Abb. 1 Abhängigkeit der Ausbeuten an Olefinen, Aromaten, Methan und Wasserstoff von der Reaktionstemperatur (Prinzipdarstellung)

In neuerer Zeit haben sich im wesentlichen 3 Arbeitsgruppen mit der Pyrolyse di- und oligocyclischer Naphthene beschäftigt: Korosi und Mitarbeiter (vgl. [4]), Cypres und Mitarbeiter (vgl. [5]) und wir. Diese 3 Arbeitsgruppen fanden übereinstimmend signifikant höhere Ausbeuten an Aromaten aus mehrcyclischen Naphthenen als aus Paraffinen und monocyclischen Naphthenen (Abb. 2). Darüber hinaus stellten wir fest, daß die Ausbeuten für die strukturverschiedenen Aromaten, die aus einfach C–C-verknüpften oder kata-anellierten Naphthenen gebildet werden, überraschend gut übereinstimmen. Signifikante Abweichungen treten nur dann auf, wenn die Naphthene eine Art Netzwerkstruktur aufweisen, also peri-kondensierte Systeme verkörpern.

Diese Ergebnisse haben das fast erloschene Interesse an aromatenbildenden Reaktionen bei hohen Temperaturen in der Gasphase wieder belebt, und sie werfen u.a die Frage auf, ob es sich bei der Aromatenbildung aus oligocyclischen Naphthenen wirklich um Sekundärreaktionen, d.h. um Aufbaureaktionen aus niederen Olefinen handelt, oder ob Aromaten nicht auch direkt im Ergebnis von Abbaureaktionen gebildet werden können, wobei die durch Aufbau- und Abbaureaktionen entstehenden Aromatenvorläufer möglicherweise reaktive Spezies ähnlicher bzw. gleicher Struktur verkörpern könnten (Abb. 3).

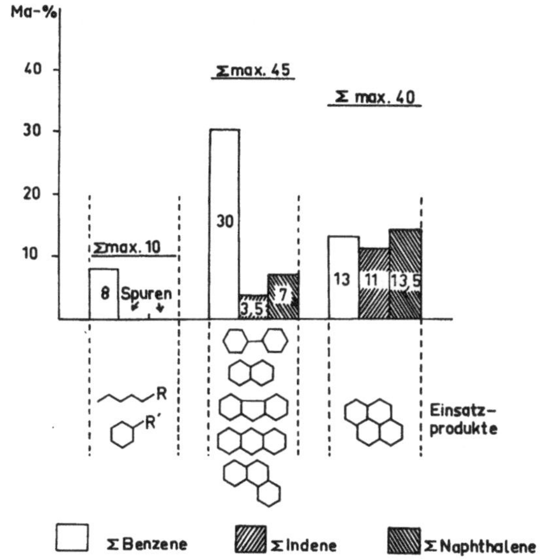

Abb. 2 Beispiele für durchschnittliche Ausbeuten an Aromaten bei der Pyrolyse gesättigter Kohlenwasserstoffe (nach Angaben in [4], [5], [22])

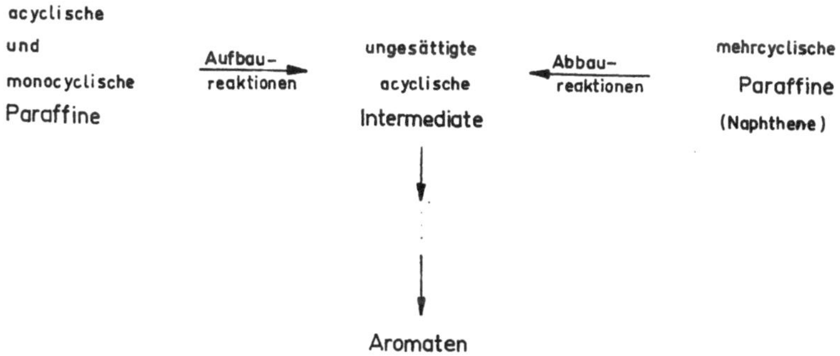

Abb. 3 Prinzipschema der Aromatenbildung durch Auf- und Abbaureaktionen von gesättigten Kohlenwasserstoffen und Olefinen unter Pyrolysebedingungen

Die strukturspezifische Gruppierung aller von uns untersuchten di- und oligocyclischen Naphthene ist das Cyclohexylringsystem. Die thermischen Reaktionen des Cyclohexans und des Cyclohexylradikals sollten deshalb auch für die thermische Umsetzung von mehrcyclischen Naphthenen typisch sein. Als denkbare Initialschritte des Cyclohexanzerfalls werden im Schrifttum die unimolekulare C—C-Bindungsspaltung [6], die Isomerisierung zum Hex-1-en [7] und teilweise auch eine unimolekulare C—H-Bindungsdissoziation diskutiert (Abb. 4). Die von Tsang [7, 8] als Initialschritt festgestellte Isomerisierung des Cyclohexans und Cyclopentans zum Hex-1-en bzw. Pent-1-en konnten wir auf eine erheblich breitere Basis stellen, indem es uns gelang, unter den Bedingungen der Pyrolyse aus Cycloheptan, -octan, -decan und -dodecan die jeweils entsprechenden α-Olefine nachzuweisen [9] und auch bei der Pyrolyse des Phenylcyclohexans bis -octans werden isomere Phenylalkene gebildet [10]. Offenbar handelt es sich bei dieser Isomerisierung um eine für Cyclane mit 5 bis 12 Ring-C-atomen generell zutreffende Initialschrittreaktion, auf die man nur aufmerksam wird, wenn man geeignete Versuchsbedingungen wählt und bei der Analytik der Reaktionsgemische der Identifizierung der Nebenprodukte große Aufmerksamkeit schenkt. Bei hohen Umsätzen sind die mit den Cyclanen isomeren Olefine nicht mehr nachweisbar. Sie reagieren bedeutend schneller weiter als die Cyclane, aus denen sie generiert werden, und sie erfüllen damit die Kriterien von Spendermolekülen für kettentragende β-Radikale.

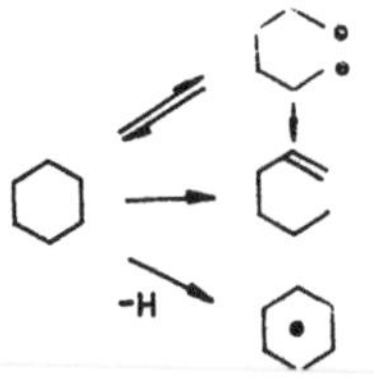

Abb. 4 Potentielle Initialschritte des unimolekularen Cyclohexanzerfalls

Der auf einen Vorschlag von Benson [11] zurückführende Umlagerungsmechanismus nach Tsang [7] setzt die Bildung kinetisch freier α, ω-Diyle voraus (Abb. 5). Die Reaktionskanäle derartiger Diyle sind unter den Bedingungen der Kohlenwasserstoffpyrolyse weitgehend unbekannt. Für die vorstellbare Fragmentierung des 1,6-Hexamethylendiradikals zu Ethylen nach Abb. 6 konnte bisher nur unter extremen Bedingungen ein Hinweis erhalten werden [12].

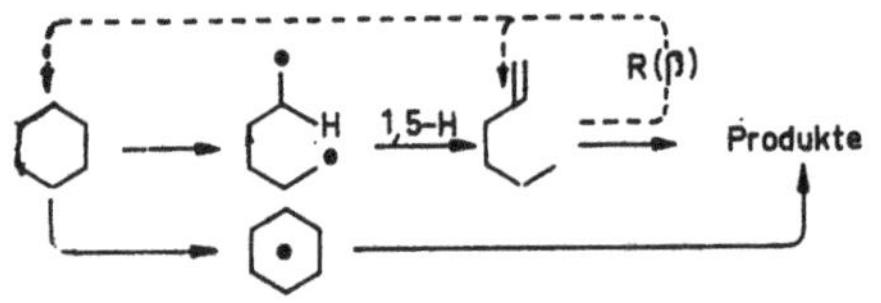

Abb. 5 Umlagerungsmechanismus des Cyclohexans in Hex-1-en nach Tsang [7]

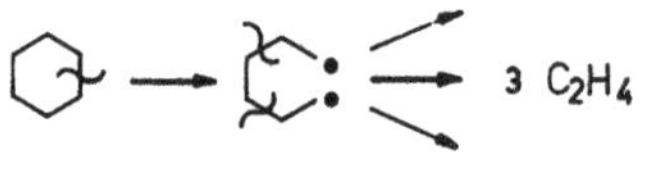

Abb. 6 Fragmentierung des 1.6-Hexamethylendiradikals [12]

Im Gegensatz zu den möglichen Initialschritten (und ihrer Wichtung) gilt es als sicher, daß die thermische Umsetzung des Cyclohexans (wie die aller übrigen Cyclane) nach einem Radikalkettenmechanismus über Cyclohexylradikale verläuft, sobald β-Radikale im System vorhanden sind. Abb. 7 gibt einen Überblick der verschiedenen,

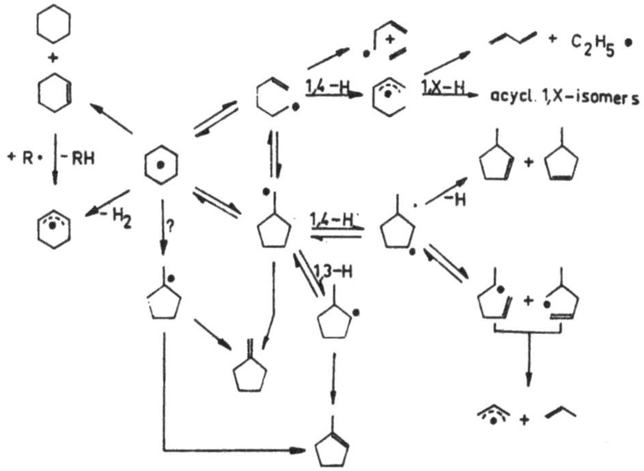

Abb. 7 Reaktionen des Cyclohexylradikals bei hohen Temperaturen nach [14]

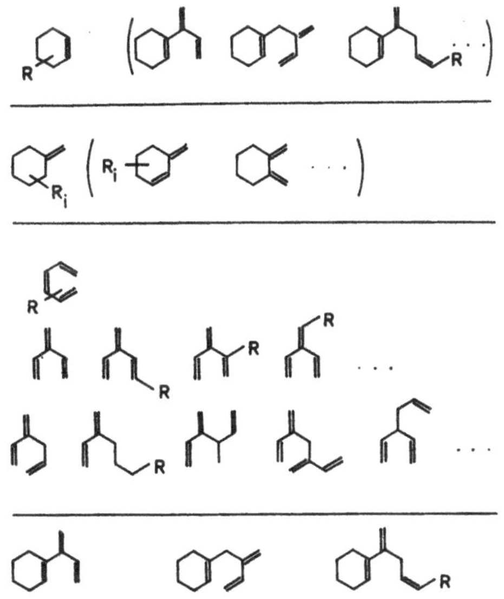

Abb. 8 Strukturen der beim thermischen Abbau von mehrcyclischen Naphthenen zu erwartenden Intermediate

heute als gesichert geltenden Reaktionen des Cyclohexylradikals [13], denen wir das 3-Methylcyclopentylradikal hinzufügen konnten. Es gelang uns, dieses wichtige Radikal in Form von Abfangprodukten nachzuweisen [14] und damit plausible Reaktionskanäle für die Bildung von Propylen aus Cyclohexan aufzuzeigen.

Das komplexe Reaktionsgeschehen des Cyclohexylradikals sollte im wesentlichen auch für die sich von den di- und oligocyclischen Naphthenen ableitenden Naphthenylradikale gelten, wobei durch die Integration der Cyclohexyltypradikale in mehrcyclische C-Strukturen die Reaktionsvielfalt noch zunimmt. Betrachtet man allein β (C—C)- und β(C—H)-Bindungsspaltungen, radikalische 1,X—H- (insbesondere 1,4-H- und 1,5-H)Wanderungen, die soeben beschriebenen Isomerisierungsreaktionen des Cyclohexylradikals und Retrodienreaktionen als mögliche Abbaureaktionen der oligocyclischen Naphthenylradikale, so gelangt man neben niederen Olefinen zu Kohlenwasserstoffen bzw. Kohlenwasserstoffradikalen mit den in Abb. 8 dargestellten Strukturtypen, nicht jedoch zu Aromaten.

Welche mechanistischen Vorstellungen existieren nun über die Bildung von Aromaten bei hohen Temperaturen in der Gasphase? Seit der Veröffentlichung von Berthelot [15] über die Benzensynthese aus Acetylen vor mehr als 110 Jahren wurden über 10 weitere Hypothesen vorgeschlagen, welche die Bildung von Aromaten unter den Bedingungen der Kohlenwasserstoffpyrolyse zu erklären versuchen. Die wichtigsten davon sind (Abb. 9)

(1) Die Bildung von Kohlenwasserstoffen mit Cyclohexenstruktur und deren anschließende Dehydrierung und Entalkylierung zu Einkernaromaten (Hague/Wheeler — 1929), wobei auch Isomerisierungsreaktionen von Kohlenwasserstoffen mit 4-Vinylcyclohexen-Struktur einbezogen wurden (Gil'av — 1962; Cypres — 1976).

(2) Die Addition von ungesättigten Radikalen an Olefine bzw. Diene und anschließende Cyclisierung der gebildeten Radikale zu 6-Ringsystemen (Kinney/Crowley — 1954; Sakai — 1976).

(3) Der radikalische Abbau oligocyclischer Naphthene zu Cyclohexen- und Alkadienkohlenwasserstoffen und deren Umwandlung in Einkernaromaten über die Stufe der Cyclohexa-1,3-diene (Cypres — 1980).

Die Tragfähigkeit der Hypothesen (1) und (3) ist u.a. davon abhängig, ob die als wesentliche Zwischenprodukte angenommenen Kohlenwasserstoffe mit Cyclohexenstruktur unter Pyrolysebedingungen ausschließlich durch Dehydrierung, Doppelbindungsisomerisierung und Entalkylierung (aber unter Erhalt des sechsgliedrigen C-Skeletts) umgewandelt werden können; die Beurteilung der Tragfähigkeit von Hypothese (2) ist vom experimentellen Nachweis der in dieser Hypothese implizit enthaltenen Reaktionsschritte bis hin zu den Aromaten abhängig.

Die von Sakai u.a. [16] im Temperaturbereich bei 650 °C festgestellte starke Bevorzugung der in Konkurrenz mit der Dehydrierung verlaufenden Retrodienspaltung scheint ein Argument gegen die Hypothese (1) zu sein, ein Beweis ist es aber nicht (begrenzte Gültigkeit der Aussagen durch den untersuchten Temperaturbereich $\leqq$ 650 °C).

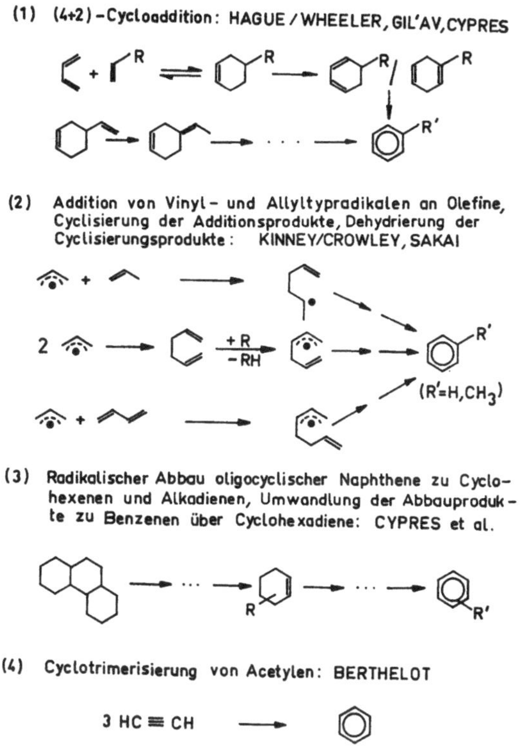

Abb. 9 Ausgewählte Hypothesen zur Aromatenbildung unter Pyrolysebedingungen

Nicht mit einem Reaktionsverlauf über Kohlenwasserstoffspezies mit Cyclohexenstruktur in Übereinstimmung zu bringen sind Ergebnisse aus Experimenten mit Butadien [17]. Obwohl unbestritten ist, daß Butadien die Aromatenbildung unter den Bedingungen der Kohlenwasserstoffpyrolyse stark fördert [16], [18] bis [20], ist der Weg vom Butadien zu den Aromaten noch völlig unklar. Die Pyrolyse von terminal ^{14}C-markiertem Butadien bei 810°C führte zu den überraschenden Ergebnissen, daß

- Methan ausschließlich aus den terminalen C-Atomen des Butadiens entsteht
- die C_2-Kohlenwasserstoffe Acetylen und Ethylen ganz bevorzugt aus Vinyl-Fragmenten entstanden sein müssen
- Benzen nicht vorzugsweise aus dem Cyclohexa-1,3-dien entsteht (obwohl Benzen mit etwa 60% Ausbeute Hauptreaktionsprodukt der Cyclohexa-1,3-dienpyrolyse ist [21])
- Benzen und Toluen entweder nicht auf analogen Wegen gebildet werden oder Benzen durch Entmethylierung von [7-^{14}C]-markiertem Toulen entsteht und

– die Benzenbildung durch Acetylentrimerisierung [15] unter den Bedingungen der Kohlenwasserstoffpyrolyse keine Bedeutung besitzt.

Bei der Pyrolyse mehrcyclischer Naphthene war das Ausmaß der Bildung von Einkernaromaten besonders auffällig (Abb. 2). Vergleicht man nun die Zusammensetzung der Einkernaromatenfraktionen (Abb. 10), so überrascht der äußerst geringe Einfluß, den die unterschiedlichen Naphthenstrukturen auf die Verteilung der Einkernaromaten ausüben. Um diese Ergebnisse mechanistisch interpretieren zu können, schienen uns Untersuchungen mit [9,10- ^{14}C]-Tetradecahydroanthracen nützlich.

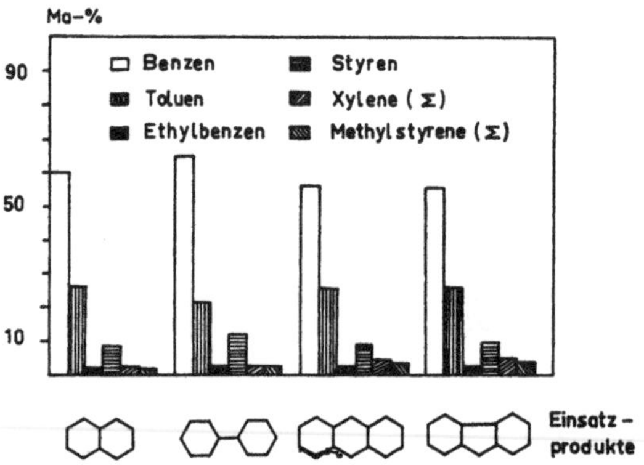

Abb. 10 Zusammensetzung der Einkernaromaten (= 100) bei der Pyrolyse unterschiedlicher Naphthene

Tab. 1 Relative Aktivität pro C-Atom von Reaktionsprodukten aus der Pyrolyse von [9, 10- ^{14}C]-Tetradecahydroanthracen nach [22].

Reaktionsprodukt	rel. Aktivität pro C-Atom
Methan	1,2
Ethylen	0,41
Propylen	0,7
Buta-1,3-dien	0,8
Benzen	1,05
Toluen	1,37
Ethylbenzen	1,8
Xylene	2,0
Styren	1,5
[9, 10- ^{14}C-]Tetradecahydroanthracen	1,0^{a})

^{a}) Bezugssubstanz

Wir haben deshalb [9,10- ^{14}C]-Tetrahydroanthracen hergestellt und es im Gemisch mit unmarkiertem Perhydroanthracen der Pyrolyse unterworfen [22]. Die Auswertung der Versuche führte zu den in Tab. 1 dargestellten Ergebnissen. Aus den relativen Aktivitäten pro C-Atom der gebildeten Produkte können folgende Schlüsse gezogen werden:

- Die C-Atome in 9,10-Position des Perhydroanthracens tragen in überraschend hohem Maße zur Methanbildung bei. Sie besitzen damit für die Methanbildung eine ähnliche Bedeutung wie die Methylengruppen in 9,10-Stellung des Perhydrophenanthrens [23].
- Aus den signifikant geringeren relativen Aktivitäten pro C-Atom der niederen Olefine gegenüber denjenigen der Einkernaromaten geht hervor, daß diese Aromaten nicht zu einem wesentlichen Anteil durch Aufbaureaktion über Cyclohexenkohlenwasserstoffe entstanden sein können.

Wir schließen daraus, daß die Aromaten hauptsächlich aus Vorläufern entstanden sind, die Abbauprodukte der mehrcyclischen Naphthene darstellen. Als solche kommen Kohlenwasserstoffe (und davon abgeleitete Radikale) der in Abb. 8 dargestellten Strukturtypen in Betracht, von denen nach Cypres [5] den Cyclohexenkohlenwasserstoffen eine Schlüsselstellung für die Aromatenbildung zukommen soll. Da die durch Abbaureaktionen von Radikalen mehrcyclischer Naphthene gebildeten Kohlenwasserstoffspezies mit Cyclohexenstruktur stets unter Erhalt eines äußeren Sechsringsystems generiert werden, scheint die Zunahme der relativen Aktivität pro C-Atom mit dem Alkylierungsgrad (Tab. 1) für diese Interpretation zu sprechen. Damit unvereinbar aber ist die Feststellung, daß die relative Aktivität pro C-Atom des Benzens etwa 1 beträgt. Das setzt die Einbeziehung der Methylen-C-Atome in 9,10-Position des Perhydroanthracens in die Benzenbildung voraus und ist somit ein wichtiges Argument gegen die Aromatenbildung über Abbauprodukte mit Cyclohexenstruktur [22]. Die vorstehend diskutierten Sachverhalte sind somit nicht geeignet, die Hypothesen 1 und 3 zu stützen.

Auf Hypothese 2 können sie keine Auswirkung haben, weil darin weder Aussagen über die Reaktionsschrittfolgen von den ungesättigten Radikalen bis hin zu den Aromaten noch über die Natur der Cyclisierungsprodukte gemacht werden. Obwohl aus ungesättigten Radikalen im Temperaturbereich $< 650\,°C$ vorzugsweise Fünfringspezies entstehen [25, 26] und im Temperaturbereich $> 650\,°C$ weder Einzelheiten über das Cyclisierungsverhalten von ungesättigten Radikalen noch über eine Umlagerung von fünf- in sechsgliedrige Ringsysteme bekannt sind, führt die Radikaladdition von Vinyl- und Allyltyp-Radikalen an Diene jedoch zu Kohlenwasserstoffspezies, deren C-Strukturen denen entsprechen, die in Abb. 8 dargestellt sind.

In Übereinstimmung mit einem Vorschlag von Korosi, Woebcke und Virk [24], nach dem für die Benzenbildung auch Reaktionswege über Vinylbutadiene in Betracht gezogen wurden, postulieren wir deshalb als Vorläufer für Einkernaromaten unter den Bedingungen der Kohlenwasserstoffpyrolyse sehr reaktive, acyclische, mehrfach ungesättigte, z.T. gekreuzt konjugierte Kohlenwasserstoffspezies mit einem ähnlichen Molekulargewicht wie die daraus entstehenden Aromaten (Strukturtypen: s. Abb. 8).

Nach dem vorstehend Gesagten sollte das gleichermaßen für die durch Aufbau- und Abbaureaktionen entstehenden Vorläufer gelten. Die Aufhebung der strukturellen Determinierung der di- und oligocyclischen Naphthene bei deren Umwandlung zu Aromaten erfordert u. E. einen Reaktionsverlauf über derartige acyclische Kohlenwasserstoffspezies.

Da diese Hypothese auf Indizien basiert, ist eine experimentelle Überprüfung dringend notwendig. Unsere Bemühungen werden deshalb in den nächsten Jahren auf dieses Ziel gerichtet sein.

Neben der Bildung von Aromaten aus gesättigten und olefinischen Kohlenwasserstoffen sind die Reaktionen vorhandener Aromaten, speziell von Einkernaromaten, unter Pyrolysebedingungen wichtige Studienobjekte. So gibt es z. B. bis heute keine gesicherten Erkenntnisse über die Bildung von kondensierten Aromaten aus Einkernaromaten. Unser Interesse an derartigen Reaktionen wurde u. a. durch die Feststellung geweckt, daß Benzen und Toluen aus Butadien entweder nicht auf analogen Wegen gebildet werden oder die Entmethylierung von Toluen eine bedeutende Reaktion sein muß. In diesem Zusammenhang haben wir [7- ^{14}C]- und kern-markiertes Toluen als Bestandteil eines Standardbenzins bei hoher Spaltschärfe ($C_2H_4/C_3H_6 > 2$) umgesetzt und die Reaktionsprodukte radiogaschromatographisch analysiert [27]. Die wichtigsten Ergebnisse aus diesen Versuchen und aus Versuchen mit anderen Methylbenzenen können wie folgt zusammengefaßt werden:

- Unter Pyrolysebedingungen ist die Entmethylierung des Toluens gering; sie beträgt etwa 5% des Toluen-Umsatzes, und sie kann somit die unterschiedlichen Aktivitäten von Benzen und Toluen aus Butadien nicht erklären.
- Die Entmethylierung von Methylbenzenen nimmt mit deren Methylierungsgrad zu und zwar in folgendem Verhältnis

  Toluen : Dimethylbenzenen : Trimethylbenzenen : Duren = 1 : 5 : 7 : 8.

  In dieser Reihenfolge nimmt auch die Neigung zur Koksbildung zu.
- Bedeutender als die Entmethylierung von Methylbenzenen ist deren Weiterreaktion zu Ethylbenzen und Styren. Diese Homologisierungsreaktion macht etwa 1/5 des Toluenumsatzes aus (Abb. 11).
- Die Homologisierungsreaktion ist nicht auf das Toluen beschränkt; Dimethylbenzene reagieren in analoger Weise, wobei allein mehr als 30% der umgesetzten Dimethylbenzene in kernmethylierte Styrene überführt werden (Abb. 11).

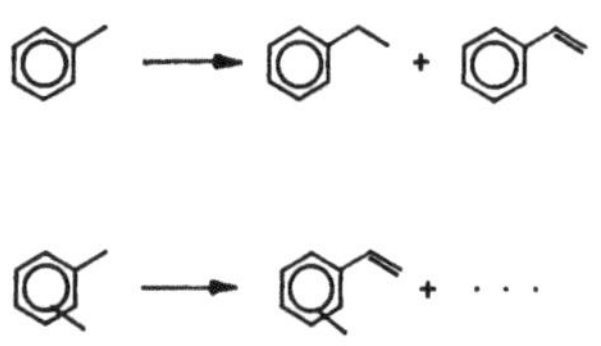

Abb. 11 Homologisierungsreaktionen von Methylbenzenen unter Pyrolysebedingungen

Die Bedeutung dieser Homologisierungsreaktionen für die Bildung kondensierter Aromaten ist z.Z. noch nicht richtig einzuschätzen. Sicher ist nur, daß Styrenkohlenwasserstoffe für die Bildung kondensierter Aromaten eine ähnliche Bedeutung haben wie das Butadien für die Bildung von Einkernaromaten bei hohen Temperaturen in der Gasphase (siehe z.B. [25]).

Alle hier vorgestellten Ergebnisse und die ihnen zugrundeliegenden Reaktionen sind nicht nur im Hinblick auf eine weitgehende Nutzung der Erdölsubstanz für stoffwirtschaftliche Zwecke von Interesse; für uns besitzen sie auch Modellcharakter für thermische Reaktionen der Kohleverarbeitung und der Carbochemie.

Literatur

[1] G. Fynes, W. R. Ladner, J. O. H. Newman, Prog. Engng. Combust, Sci. **6**, 223 (1980).
[2] R. Cypres, P. Bredael, Fuel Processing Technol. **3**, 297 (1980).
[3] R. S. Bernhardt, W. R. Ladner, J. O. H. Newman, P. W. Sage, Fuel **60** (2), 139 (1981).
[4] A. Korosi, P. S. Virk, H. N. Woebcke, Erdöl, Kohle, Erdgas-Petrochem. **32**, 473 (1979).
[5] R. Cypres, Prepr. Am. Chem. Soc., Div. Fuel Chem. **26** (3), 44 (1981).
[6] Vgl. z.B.: R. B. Satanova, R. A. Kalinenko, W. Zychlinski, G. Bach, G. Zimmermann, Kinetika i Kataliz **22** 291 (1981).
[7] W. Tsang, Int. J. Chem. Kinet. **10**, 1119 (1978).
[8] W. Tsang, Int. J. Chem. Kinet. **10**, 599 (1978).
[9] G. Zimmermann, W. Zychlinski, G. Bach, D. Rennecke, Veröffentlichung in J. prakt. Chem., im Druck.
[10] L. Ho Son, Dissertation A, Akademie der Wissenschaften der DDR, Berlin-Leipzig 1983.
[11] S. W. Benson, Thermochemical Kinetics, 2. Auflage, Verlag Wiley, New York 1976, S. 117.
[12] U. Ziegler, unveröffentlichte Ergebnisse, Leipzig 1983; VLPP-Experimente (Knudsenzelle/MS), $\tau = 1.10^{-4}$ s, T $\leqq$ 1200°K, keine Molekül-Molekül-Stöße, Wand-Molekül-Stöße < 200.
[13] Siehe [14] und dort zitierte Literatur.
[14] (a) B. Ondruschka, G. Zimmermann, M. Remmler, D. Rennecke, G. Anders, J. prakt. Chem. **326**, 561 (1984).
(b) B. Ondruschka, G. Zimmermann, G. Anders, zur Veröffentlichung in J. prakt. Chem., im Druck.
[15] M. Berthelot, Ann. Chim. Phys. **16**, 169 (1869).
[16] T. Sakai, T. Nakatani, N. Takahashi, T. Kunugi, Ind. Eng. Chem., Fundam. **11**, 529 (1972).
[17] F.-D. Kopinke, B. Ondruschka, G. Zimmermann, Tetrahedron Letters **24**, 869 (1983).
[18] C. D. Hurd, A. R. Macon, J. Simon, R. Levetan, J. Am. Chem. Soc., **84**, 4509 (1962).
[19] R. Spielman, A. Cramers, Chromatographie **5**, 295 (1972)
[20] F. O. Rice, P. M. Ruoff, E. L. Rodowskas, J. Am. Chem. Soc., **60**, 985 (1938).
[21] B. Ondruschka, unveröffentlichte Ergebnisse, Leipzig 1982.

[22] G. Zimmermann, F.-D. Kopinke, R. Rehm, 7. Anal. Appl. Pyrolysis, im Druck.
[23] B. Bettens, F. Ninauve, Comm. Eur. Communities [Rep.] EUR 1982 (ref. in [5]).
[24] A. Korosi, H. N. Woebcke, P. S. Virk, Prepr. Am. Chem. Soc. Div. Fuel. Chem. **21**, 190 (1976).
[25] T. Sakai, D. Nohara, T. Kunugi in ACS-Symposium Series 32 „Industrial and Laboratory Pyrolyses (Edit.: L. F. Albright und B. L. Crynes), Washington D. C. 1976, S. 152.
[26] B. Ondruschka, unveröffentlichte Ergebnisse, Leipzig 1980 bis 1982.
[27] F.-D. Kopinke, unveröffentlichte Ergebnisse, Leipzig 1981 (Teil der geplanten Dissertation B, Leipzig 1985).

Bei Fragen zur Produktsicherheit wenden Sie sich bitte an:
If you have any questions regarding product safety,
please contact:

Walter de Gruyter GmbH
Genthiner Straße 13
10785 Berlin
productsafety@degruyterbrill.com